DIE SONNE
wird uns allen gehören

Manifest

NEUE WELTORDNUNG

Mehmet Kılıç

Ich möchte mich bei meiner lieben Freundin Waltraud Fuchs
für ihre wertvolle Korrekturhilfe herzlichst bedanken.

DIE SONNE
wird uns allen gehören

Manifest
NEUE WELTORDNUNG

Mehmet Kılıç

Mehmet Kılıç
Die Sonne wird uns allen gehören
Manifest Neue Weltordnung
1. Auflage

Mehmet Kılıç

E-Mail: lwn.mtp@gmx.de
Internet: www.mehmetkilic.com
Youtube: „Die Sonne wird uns allen gehören"
Herstellung und Verlag:
BoD – Books on Demand, Norderstedt

ISBN 978-3-7534-3012-6

MIX
Papier aus verantwortungsvollen Quellen
Paper from responsible sources
FSC® C105338

VORWORT

Das aktuelle Gesellschaftssystem mit seiner Philosophie Wettbewerb-Konkurrenzgeist, nötigt Mensch und Gesellschaft dazu, immer mehr zu haben, immer zu gewinnen, immer mächtiger zu werden, um herrschen zu können.

Das System setzt den Einzelnen so unter Druck, dass die Menschen sich gegenseitig mit allen Mitteln unaufhörlich bekämpfen, da jeder als Sieger hervor gehen möchte.

Während dieses brutalen Kampfes zerstören wir Menschen aber die Grundexistenzbedingungen, das einzige und einzigartige Gemeinschafts-Zuhause aller Lebewesen und bereiten das Ende des Lebens auf unserem Planeten vor.

Mehmet Kılıç setzt sich mit seiner "Neuen Weltordnung" - unter dem Motto "Die Sonne wird uns allen gehören" – dafür ein, die Gedanken und Handlungen mit ihren Ursachen und Folgen, die für das Leben auf der Erde zur Gefahr werden, zu beseitigen.

Der Autor macht konkrete Vorschläge, wie man das Leben auf der Erde sichern und ein menschenwürdiges gesellschaftliches Lebensmodell errichten kann.

Diese Vorschläge beinhalten fundamentale Veränderungen sowie inhaltliche und methodische Unterschiede zu den Ideen und Gedanken vieler Philosophen und Wissenschaftler, wie John Locke, Montesquieu, Immanuel Kant, Karl Marx, Albert Einstein, Hans Küng, Otfried Höffe,

Zhao Tinyang etc., wenn es um den "Weltfrieden" und die "Neue Weltordnung" geht.

Der Autor interpretiert das Leben auf der Erde nach seiner Philosophie Einheit-Ganzheit, die im Kern universelle Prinzipien wie Zusammengehörigkeit und Gleichwertigkeit in sich birgt, und auf die er auch sein Manifest "Neue Weltordnung" stützt.

Mit seinem Manifest ruft Mehmet Kılıç die Menschheit auf, alle Handlungsformen, die das Leben auf der Erde gefährden, zu stoppen und ein menschenwürdiges gesellschaftliches Lebensmodell für alle zu errichten.

Liebe Leserin, lieber Leser,

die Sonne wird uns allen gehören!

Das Leben auf unserem Planeten ist einmalig und einzigartig. Alle Pflanzen, alle Tiere und alle Menschen sind liebenswert, schätzenswert und auch schützenswert. Ganz besonders schützenswert ist die Mutter Natur; Luft, Wasser und Boden.

Es ist aber sehr besorgniserregend, wie wir damit umgehen!

Wir haben den grünen Ast, auf dem wir alle sitzen, schon ein ordentliches Stück weit angesägt. Wenn wir stürzen, stürzen nicht nur wir sieben Milliarden Menschen, sondern gemeinsam mit uns, unsere Katzen und Rosen.

Wenn wir auf der einen Seite uns gegenseitig so weiter bekämpfen und auf der anderen Seite den Ast absägen, auf dem wir sitzen, werden wir unseren allerletzten Atemzug in einem noch nie erlebten Geschrei, als allerletzte Opfer der Sinnlosigkeit und des Wahnsinns, erleben, ohne einmal in die Geschichte eingehen zu können.

Als „Gründungsvater" und Vorsitzender des Friedensvereins Hand in Hand e.V. Bad Kreuznach setze ich mich seit Jahren für ein menschenwürdiges Leben in der Welt ein. Als Resümee meiner langjährigen philosophisch-politischen Überlegungen zum Thema Weltfrieden möchte ich die „Neue Weltordnung" der Weltöffentlichkeit vorstellen.

Falls auch Sie sich Sorgen um das Leben auf unserer Erde machen und nach einem Ausweg suchen, könnte mein Manifest auch für Sie interessant sein.

TEIL I

MEIN PROBLEM

Ich bin sehr besorgt über die Zukunft des Lebens auf unserem Planeten.

Begründung

- Der Frieden und die Sicherheit verschwinden weltweit sowohl für Einzelne als auch für Gesellschaften.
- Die Existenzbedingungen aller Lebewesen werden zerstört.

Ursachen der Entstehung

- Die bestehende Weltordnung zwingt Mensch und Gesellschaft zu einem Wettlauf; zu gewinnen, immer reicher, immer stärker zu werden und immer mehr zu siegen, um zu herrschen.

- Diese Begierde wird so angefeuert, dass schlimmere Folgen wie endlose Kriege, Ausbeutung, Armut und schmerzhafte Folgeerscheinungen entstehen. Das ist ein "WAHNSINN"!

- Gleichzeitig verursacht das System, das gemeinsame Zuhause von allen Lebewesen und die damit gebotenen Existenzbedingungen zu zerstören. So bereitet das System das "BITTERE ENDE" des Lebens auf der Erde vor!

Zusätzlich stelle ich fest:

1. Das herrschende Gesellschaftssystem steht mit dem Menschenverstand in Widerspruch.
2. Von der Geisteshaltung, die die Menschenenergie durch Arbeit und Anstrengung in Geld, Gewinn und Macht verwandelt, kann nicht erwartet werden, das Glück der Menschheit zu sichern.
3. Von der gleichen Mentalität kann auch nicht erwartet werden, dass sie den Missbrauch des Gemeinschaftszuhauses der Menschheit verhindert, die Zerstörung der Lebensexistenzbedingungen beendet und eine nachhaltige Sicherung des Lebens auf unserem Planeten herbeiführt.
4. Die Menschheit ist unglücklich! Die Gefahr ist furchterregend! Der WAHNSINN wird von Tag zu Tag wahnsinniger! Das BITTERE ENDE nähert sich rasend. Es gibt keine Zeit mehr zu verlieren!
5. Für diese Situation ist weder eine Person, noch eine Nation, noch ein Staat alleine verantwortlich. Die Verantwortung dafür trägt die herrschende Weltordnung.
6. Kein Mensch darf weder vor diesem WAHNSINN noch vor dem sich rasend nähernden BITTEREN ENDE die Augen verschließen!
7. Die einzige Macht, die den WAHNSINN stoppen und das BITTERE ENDE verhindern kann, ist die Menschheit selbst.

ERGEBNIS

Die bestehende Weltordnung kann so nicht mehr fortgesetzt werden. Sie ist zu einem Problem der Menschheit geworden, welches unbedingt und dringend gelöst werden muss.

LÖSUNGSVORSCHLAG

Um dieses Problem zu lösen, schlage ich vor, eine neue Weltordnung zu errichten.

DIE NEUE WELTORDNUNG

Die neue Weltordnung wird zum Ziel haben, das Leben bzw. das Glück der Menschheit auf der Erde zu sichern.

TEIL II

Frage 1
WIE WIRD
DIE NEUE WELTORDNUNG AUSSEHEN?

Die neue Weltordnung wird von drei Grundsäulen getragen, die sich gegenseitig ernähren, stärken und sichern:

Säule I: Die Philosophie Einheit-Ganzheit
Säule II: Das Erziehungs- und Bildungssystem
Säule III: Die Welt-Grundlebensregeln

Nun zu den einzelnen Säulen:

Säule I
DIE PHILOSOPHIE EINHEIT-GANZHEIT

Um die Philosophie Einheit-Ganzheit zu veranschaulichen, möchte ich Sie gedanklich auf eine kurze Reise einladen! Bitte schließen Sie die Augen und stellen Sie sich vor:

DAS UNIVERSUM und EINHEIT-GANZHEIT

- Das unendliche Universum bildet gemeinsam mit seinen unzähligen Sternen, Sterngruppen und Galaxien, die in sich eigene Einheiten und Ganzheiten bilden, eine Einheit-Ganzheit.
- Die Milchstraße bildet als das unverzichtbare Teil des Universums eine Einheit-Ganzheit.

- Das Sonnensystem bildet als ein untrennbares, unverzichtbares Teil der Milchstraße eine Einheit-Ganzheit.
- Die Erde als ein untrennbares Teil des Sonnensystems ist eine Einheit-Ganzheit.
- Die Welt der Lebewesen als ein untrennbares Teil der Erde ist eine Einheit-Ganzheit.
- Die Menschheit als ein untrennbares Teil der Welt der Lebewesen ist eine Einheit-Ganzheit.

DAS INDIVIDUUM UND EINHEIT-GANZHEIT

Das Individuum, das wir "Mensch" nennen, verkörpert mit seinem ganzen Wesen eine Einheit-Ganzheit und ist ein unverzichtbares Teil der Menschheit.

- Der Körper des Menschen besteht aus Organen, die aus Teilen und unzähligen Zellen bestehen.
- Jedes Organ, jedes Teil und jede Zelle bildet seine eigene Einheit-Ganzheit.
- Jedes Organ hat einen anderen Aufbau, eine andere Form, eine andere Aufgabe und Funktion als andere und kann unabhängig von anderen funktionieren.
- Falls eines der Organe fehlt oder funktionsunfähig wird, wird die körperliche Einheit unvollständig und die Ganzheit ist nicht gegeben.
- Falls eines der Organe aus der körperlichen Ganzheit getrennt wird, führt das zum Ende seines Lebens, genau so wie auch eine Zelle stirbt, wenn sie aus einem Organ getrennt wird.

- Ein Mensch kann als ein Individuum nur funktionieren und sein Leben führen, indem alle seine Organe in einer harmonischen Zusammenwirkung ihre Aufgabe erfüllen.

Ein Bild zum besseren Verständnis:

- Peter sitzt in der Küche. Plötzlich spürt er einen Geruch in seiner Nase. Er stellt fest, dass dieser Geruch Brandgeruch ist. Er dreht seinen Kopf zum Herd. Was sieht er? Auf dem Herd brennt ein Stück Zeitung. Daraufhin springt Peter auf, rennt zum Herd und löscht die Flammen.

- Das Organ, das den Geruch riecht, ist Peters Nase.
- Das Organ, das die Flammen sieht, ist nicht Peters Magen, es sind seine Augen.
- Die Organe, die ihn zum Herd tragen, sind nicht seine Hände, sondern seine Füße.

Wie wäre das ausgegangen,

- wenn Peters Nase gar nicht hätte riechen können?
- wenn Peters Augen den Brand gar nicht hätten sehen können?
- wenn Peters Hände nicht in der Lage wären, den Brand zu löschen?

Ergebnis:
Ein Körper bildet mit allen seinen Organen eine Einheit-Ganzheit und erfüllt seine Funktion, indem alle Organe gemeinsam und harmonisch handeln.

Was meinen Sie, können wir dieses Ergebnis auf das gesellschaftliche Leben übertragen?

GESELLSCHAFT UND EINHEIT-GANZHEIT

Das gesellschaftliche Leben beginnt, wenn sich mindestens zwei Menschen wegen einer Sache treffen, die sie in diesem Moment verbindet.

Als Beispiel nehmen wir an, eine junge Frau und ein junger Mann finden sich attraktiv. Sie treffen die Entscheidung, ein gemeinsames Leben zu führen.

- Zu Beginn der Entscheidung ist bekannt, wer in welchem Lebensbereich welche Rolle übernimmt.
- In anderen Lebensbereichen stellt sich mit der Zeit heraus, wer, was vorrangig übernimmt.
- In den Bereichen, in denen die Frau kompetenter ist, wird der Mann die Stellung eines Unterstützers übernehmen.
- In den Bereichen, in denen der Mann stärker ist, wird die Frau als zweite Person fungieren.

Ergebnis:
Dieses junge Paar könnte die kleinste gesellschaftliche Einheit-Ganzheit bilden. Die Zwei könnten in einer harmonischen Handlungsweise ein Zusammenleben aufbauen und führen.

Ein weiteres Beispiel:
Eine Familie möchte für sich ein Haus bauen. Kann diese Familie dieses Haus vom Fundament bis zum Dach, ohne Außenhilfe bauen?

Beim Bauen eines Hauses müssten eine Vielzahl von Menschen aus verschiedenen Berufsgruppen mitwirken u.a. auch Architekten, Maurer, Dachdecker ect.

Menschen aus den genannten Gruppen kommen zusammen und bilden eine Einheit-Ganzheit. Die Mitglieder dieser Einheit-Ganzheit wirken zusammen und bauen das Haus.

Die Handlungsweise des Bauteams können wir auf alle Bereiche, alle Sektoren des gesellschaftlichen Lebens übertragen.

MENSCHHEIT UND EINHEIT-GANZHEIT

- Das Individuum besteht aus Organen und bildet eine Einheit-Ganzheit.
- Die gesellschaftlichen Organe bestehen aus einzelnen Individuen und bilden jeweils eine Einheit-Ganzheit.
- Die Gesellschaften bestehen aus gesellschaftlichen Organen und bilden jeweils eine Einheit-Ganzheit.
- Die Menschheit besteht aus Gesellschaften und bildet die vollständige Einheit-Ganzheit.

Die Menschheit bildet also genau so eine Einheit-Ganzheit, wie das Universum aus unzähligen Sternen, Sterngruppen und Galaxien.

Die Menschheit stellt genau so eine Einheit-Ganzheit dar, wie das Individuum Mensch, z.B. Peter, das aus Organen besteht, und die wiederum aus Teilen und unzähligen Zellen.

Die Menschheit ist genau so eine Einheit-Ganzheit wie ein gesellschaftliches Organ, z.B. das Bauwesen, das aus Individuen mit unterschiedlichen Fähigkeiten und Kompetenzen besteht, wie Architekten, Maurern, Dachdeckern usw.

Nun fasse ich alles zusammen:

ERGEBNIS FÜR DAS INDIVIDUUM

Jedes Individuum, jeder Mensch, der die Philosophie Einheit-Ganzheit vollständig verstanden hat, entdeckt einen Weg, der ihn in sich hineinführt.

Auf der Reise nach innen wird er:

1. die unbeschreiblichen Schönheiten und Reichtümer seiner inneren Welt entdecken und kennen lernen,
2. immer intensiver spüren, wie wichtig und wie wertvoll er ist.

Er wird anfangen,

- sich nicht mehr mit anderen Menschen zu vergleichen und sich so annehmen, wie er ist,
- sich selbst immer mehr zu achten und immer mehr zu lieben,
- die Schönheit seiner inneren Welt und seine wachsende Lebensfreude nach außen auszustrahlen,
- alle Menschen so zu sehen, ihnen so zu begegnen, sie so zu behandeln, als wäre jeder von ihnen ein "er selbst",
- seine Achtung gegenüber der Mutter Natur auf ein wahres, gesundes und stabiles Fundament zu setzen.

So wird jedes Individuum, das die Philosophie Einheit-Ganzheit verinnerlicht hat, das wahre ICH, also SICH SELBST finden und die Bedeutung des universellen Lebens begreifen.

ERGEBNIS FÜR DIE GESELLSCHAFT

Mit der Verinnerlichung der Philosophie Einheit-Ganzheit wird ein Veränderungsprozess in der Pesönlichkeit des Individuums beginnen! Ein Veränderungsprozess, der sich in Kürze im gesellschaftlichen Leben der ganzen Menschheit spüren lassen wird.

Als Folge dessen

- werden die Menschen ihre Werte gegenseitig nicht mehr aufgrund ihrer unterschiedlichen Fähigkeiten und Kompetenzen oder aufgrund ihres Status in der Gesellschaft messen.

- Sie werden niemanden wertvoller oder wertloser als sich selbst sehen.
- Sie werden ihre Arbeit nicht mehr oder weniger wert als die Arbeit von anderen sehen.
- Die Menschen werden erkennen, dass alle Gruppen, Gemeinschaften, Gesellschaften und die Menschheit eine Einheit-Ganzheit darstellen.

ERGEBNIS FÜR DIE MENSCHHEIT

- Wir können die Handlungsweise eines Individuums, z.B. Peters, auf die Handlungsweise eines gesellschaftlichen Organs, z.B. des Bauwesens übertragen.
- Wir können die Handlungsweise eines gesellschaftlichen Organs, z.B. des Bauwesens, auf die ganze Gesellschaft z.B. Deutschlands, übertragen.
- Wir können die Handlungsweise einer Gesellschaft, z.B. Deutschlands, auf die gesamte Menschheitsgesellschaft, bzw. auf den „Menschheitskörper" übertragen.

Die wichtigsten Prinzipien und Werte der Einheit-Ganzheit:

1. Zusammengehörigkeit
   Wir gehören zusammen; wie die Organe eines Menschenkörpers, das Personal eines Krankenhauses, die Besatzung eines Flugzeuges, die Beschäftigten einer Fabrik...

2. Gleichwertigkeit
   Wir sind alle gleichwertig;
   - Indiskutabilität der Gleichwertigkeit aller Menschen
   - Indiskutabilität der Gleichwertigkeit der Funktion und der Arbeit

Nun bilde ich eine Synthese aus „Zusammengehörigkeit" und „Gleichwertigkeit" und sage:

Wir alle sind für uns alle!

Da alle Individuen, aus denen die gesellschaftlichen Organe, Gesellschaften und die ganze Menschheit bestehen, die Philosophie Einheit-Ganzheit gründlich verinnerlichen werden, werden sie ihr Leben nach dem Geist dieser Philosophie gestalten und führen: Wir alle sind für uns alle!

Aus diesem Grund werden sie

- den gemeinsamen Verstand,
- das gemeinsame Gewissen und
- das gemeinsame Bewusstsein in allen Bereichen ihres persönlichen und gesellschaftlichen Lebens voll einsetzen, um das Leben auf unserem Planeten, das eigene Glück und das Glück der Menschheit zu sichern.

TEIL III

Säule II
DAS ERZIEHUNGS- UND BILDUNGSSYSTEM

Das Ziel ist, aus Individuen neue Generationen zu erziehen und zu bilden, die ihr persönliches und gesellschaftliches Leben nach der Philosophie Einheit-Ganzheit gestalten und führen.

Um dieses Ziel zu erreichen, wird die Gründung der Neuen Weltordnung mit einer nachhaltigen Mobilisation gestartet, die "Entfaltung von der Wiege bis zum Grab" genannt wird.

Nun werde ich versuchen, die "Entfaltung von der Wiege bis zum Grab" vorzustellen.

AUSBAU DER RAHMENBEDINGUNGEN

Die ganze Erde wird mit Rahmenbedingungen versehen, die den Veränderungen, dem neuen Erziehungs-und Bildungssystem bzw. der neuen Weltordnung, gerecht werden.

Zusätzlich werden weltweit "Erziehungs- und Bildungs- Lebenszentren" gegründet, die zum Ziel haben,

- die natürliche Lebensgestaltung und Lebensführung zu demonstrieren,
- die Naturschätze der Erde sinnvoll zu nutzen,
- die Ursachen der Massenflucht und Massentransporte zu beseitigen...

LEHRERAUSBILDUNG

Lehrerkandidaten müssen über geeignete Fähigkeiten für diesen Beruf verfügen und ihn auch wirklich wollen.

Bei der Ausbildung werden die stärksten Fähigkeiten aller Kandidaten so entfaltet, dass sie mit vielseitigen und stabilen Kompetenzen ausgerüstet werden.

Den Kandidaten wird eine passende pädagogische Ausbildung für geeignete Fachbereiche und Altersgruppen vermittelt.

INHALT

VERMITTLUNG DER PHILOSOPHIE EINHEIT-GANZHEIT

Jedem Baby werden schon in der Wiege die feinsten Grundwerte der neuen Lebensphilosophie, wie „Muttermilch“ gegeben.

In der Schule werden die Kinder die Philosophie Einheit-Ganzheit gründlich verinnerlichen und leben lernen.

FÖRDERUNG PERSÖNLICHER BEGABUNGEN

Alle natürlichen Fähigkeiten eines jeden Kindes werden möglichst früh erforscht, entdeckt und mit besten Kompetenzen ausgerüstet.

Das Kind wird befähigt, sein gesamtes Können in seinem privaten und gesellschaftlichen Leben anzuwenden.

PERSÖNLICHKEITSBILDUNG

Das Kind wird mit Achtsamkeit, Sorgfalt und Sensibilität begleitet und betreut.

Es wird sich selbst, seine innere Welt kennen und sich selbst lieben und schätzen lernen.

Das Kind wird andere Menschen achten und sie wie „sich selbst“ schätzen und schützen lernen.

Es wird erlernen, seine persönlichen “Werte” auf die gesellschaftliche Ebene zu übertragen.

VORBEREITUNG FÜR DAS PRIVATE UND GESELLSCHAFTLICHE LEBEN

- Die Jugendlichen werden gemäß der Philosophie Einheit-Ganzheit sowohl für ihr privates als auch gesellschaftliches Leben gezielt vorbereitet.
- Sie werden zu gesunden Persönlichkeiten mit bestens entfalteten Fähigkeiten erzogen und gebildet.

- Sie werden nicht als Fachspezialisten für bestehende Berufe ausgebildet, sondern zu stabilen Persönlichkeiten mit hohem Verantwortungsbewusstsein.

- Sie werden befähigt, sowohl ihr eigenes Leben erfolgreich und mit Freude zu führen, als auch an dem gesellschftlichen Leben konstruktiv, kreativ und aktiv mitzuwirken.

Säule III

WELT-GRUNDLEBENSREGELN

Die Welt-Grundlebensregeln sind als Verfassung des Weltstaates zu verstehen. Da sie vom Gründungsparlament erst erarbeitet und vom Welt-Volksvertreter Parlament verabschiedet werden müssen, möchte ich vorerst zum Inhalt keine Angaben machen.

TEIL IV

Frage 2
WIE WIRD
DIE NEUE WELTORDNUNG ERRICHTET?

WELTSTAAT

Um die neue Weltordnung errichten zu können, braucht die Menschheit eine starke, stabile und zuverlässige Organisation. Das wird der Weltstaat sein.

Frage 3
WIE WIRD DER WELTSTAAT AUSSEHEN?

ORGANISATIONSPHILOSOPHIE
DES WELTSTAATES

In der Organisation des Weltstaates wird vorgelebt, dass die Menschheit, genau so wie ein gesunder Menschenkörper, nicht entgegen seiner eigenen Organe und Zellen lebt, sondern für alle; also die Synthese der Werte und Prinzipien der Philosophie Einheit-Ganzheit wird vorgelebt: Alle sind für alle!

DEMOKRATIE UND IHR FUNKTIONIEREN

Die Demokratie wird neugestaltet bzw. optimiert:

Ideen, Gedanken und Handlungen, die

- die Zerstörung der Mutter Natur verursachen,
- das Menschenleben erschweren und gefährden,
- die Menschenwürde verletzen könnten,

werden keinen Platz in dem neuen Demokratieverständnis finden.

Alle Ideen, Gedanken, Verhaltensweisen und Aktivitäten,

- die mit der Mutter Natur, mit der Existenz aller Lebewesen, insbesondere der Gesundheit und Würde des Menschen übereinstimmen,
- die von dem gemeinsamen Menschenverstand und dem gemeinsamen Gewissen akzeptiert und das gemeinsame Verantwortungsbewusstsein bestätigt werden,

werden zu den unbegrenzten natürlichen demokratischen Freiheiten gezählt.

VERANTWORTUNGSAUFTEILUNG

Das Prinzip Gewaltenteilung verliert seinen Platz an das Prinzip „Verantwortungsaufteilung".

Gründe:

1. Auf Grund des stabilen Verantwortungsbewusstseins eines jeden Individuums werden Einfluss, Kritik oder etwaige Kontrolle von außen überflüssig sein.

2. Jeder wird seine Aufgabe im Gemeinschaftsdienst mit der Verantwortlichkeit erfüllen, wie er diese in seinem persönlichen und gesellschaftlichen Leben erfüllen würde.

DIE WAHLEN

Alle Lebensbereiche in den Wahlgebieten werden neu definiert und festgelegt.

Mit den "Lebensbereichen" sind die Sektoren gemeint, in denen die Menschen schwerpunktmäßig ihren Lebensunterhalt verdienen z.B. Landwirtschaft, Fabrikarbeit, Bildungswesen usw.

WÄHLBARKEIT UND TRANSPARENZ

Jeder erfüllt die Voraussetzung für die Wählbarkeit, wenn er seine Befähigung nachweisen kann, einen Lebensbereich in einem Parlament vertreten zu können.

Die Kandidaten werden von den Wählern direkt für einen Ausschuss gewählt, um den jeweiligen Lebensbereich, im betreffenden Parlament, zu vertreten.

Somit wird immer deutlicher, wer, wen, für welchen Zweck gewählt hat und wer, von wem, für welche Aufgabe gewählt wurde.

DIE FLEXIBLE ERNEUERBARKEIT

Durch das Prinzip der „flexiblen Erneuerbarkeit" der Gewählten, durch jederzeitigen Wechsel auf eigene Initiative, wird gesichert, dass die Funktionalität und Leistungsfähigkeit des Weltstaates immer auf dem optimalen Niveau gehalten werden kann.

POLITISCHE PARTEIEN

Die politischen Parteien verlieren aus zwei wichtigen Gründen ihre Existenzgrundlage:

1. Bei der Gestaltung des gesellschaftlichen Lebens wird es zur Selbstverständlichkeit, den gemeinsamen Verstand, das gemeinsame Gewissen und das gemeinsame Bewusstsein für gemeinsame Ziele einzusetzen.

2. Die Kandidaten werden nicht wegen ihrer Zugehörigkeit zu einer Partei oder Organisation gewählt, sondern wegen ihrer Befähigung.

ORGANISATIONSSTRUKTUR DES WELTSTAATES

DIE ZIVILE ORGANISATION

Das Volk für das Volk

Die Dienstleistungsorganisation "Das Volk für das Volk" wird aus dem Volk, mit dem Volk und für das Volk entstehen und allen Menschen unentgeltlich dienen.

Bei den Volksinformationszentren werden die Bürger auf ihre einfachen Fragen wie "Was" oder "Wo" schnelle, zuverlässige und verständliche Antworten bekommen.

Bei den Volksberatungszentren werden die Bürger für ihr Vorhaben, z.B. 'Wie baue ich ein Haus', ausführliche und zuverlässige Informationen von Fachleuten erhalten.

Bei den Volksbetreuungszentren wird das Fachpersonal die Bürger bei der Lösung ihrer Probleme begleiten. Möchte jemand beispielsweise ein Haus bauen, wird er von der Planung, Kostenkalkulation bis zur Gartengestaltung betreut.
In diesen Dienstleistungszentren werden neben dem Fachpersonal auch Philosophen, Wegweiser und Mediatoren ihre Dienste anbieten.

Philosophen werden das Personal in allen Dientleistungszentren und Verwaltungseinheiten begleiten, damit die Dienste gemäß der Philosophie Einheit-Ganzheit erfüllt werden.

Die Wegweiser werden bei den Volksberatungszentren und Volksbetreuungszentren darauf achten, dass die Dienstleistungen mit den "Regeln" der Parlamente konform sind.

Die Mediatoren werden nur in den Volksbetreuungszentren tätig sein und bei gemeinsamen Themen Andersdenkende zu einer Einigung führen.

DIE STAATLICHE ORGANISATION

Die Organisationsstrukturen des Weltstaates werden wie folgt aussehen:

1. Lokale Verwaltungseinheiten
   (wie heutige Gemeindeverwaltungen und Stadtverwaltungen)
2. Regionale Verwaltungseinheiten (wie die Bundesländer in Deutschland oder zentralistisch regierte Länder wie Frankreich)
3. Kontinentale Verwaltungseinheiten
4. Welt-Volksvertreter Parlament

Die Verwaltungseinheiten werden sich mit den Themen befassen, die in ihren Aufgaben- und Zuständigkeitsbereichen liegen.

TEIL V

Frage 4
WAS WIRD DER WELTSTAAT TUN?

A) SOFORTMASSNAHMEN

Im ersten Schritt wird der Weltstaat Sofortmaßnahmen durchführen.

Sofortmaßnahme 1:

DEN WAHNSINN stoppen!
DAS BITTERE ENDE verhindern!

Dazu gehören

- Naturzerstörung zu stoppen
- Alle Militäreinrichtungen aufzulösen, alle Waffen zu vernichten und alle Kriege zu beenden
- Alle Hungrigen zu sättigen
- Allen Obdachlosen ein Zuhause zu ermöglichen
- Menschenhandel und Sexsklaverei zu stoppen
- ...

Sofortmaßnahme 2:

Infrastrukturen ausbauen

Alle Infrastrukturen aller Lebensbereiche in der ganzen Welt werden gemäß den Werten und Prinzipien der Philosophie Einheit-Ganzheit neugestaltet.

Sofortmaßnahme 3:

Das Leben auf der Erde sichern

Um das Leben auf der Erde zu sichern, wird der Weltstaat gemeinsam mit seinen Bürgern

1. die Zerstörung der Mutter Natur endgültig beenden,
2. die Ursachen der Armut und ihre Folgeerscheinungen mit einem „Mindestlebensstandard“ beseitigen.

B) DIE NEUE WELTORDNUNG ERRICHTEN

Im zweiten Schritt wird der Weltstaat anfangen, gemeinsam mit seinen Bürgern die neue Weltordnung zu errichten.

Alle Lebensbereiche in der ganzen Welt werden unter dem Licht von drei Scheinwerfern neu beschrieben und neu gestaltet:

- die Philosophie Einheit-Ganzheit
- das neue Erziehungs- und Bildungssystem und
- die Welt-Grundlebensregeln

Die Übergangszeit zwischen dem alten und neuen System wird besonders geprägt von:

1. einerseits Rücksichtnahme, Empathie und Einfühlsamkeit in Bezug auf das Anderssein und die bestehenden Werte,
2. andererseits Entschiedenheit und Entschlossenheit bei der Errichtung der neuen Weltordnung.

NEUGESTALTUNG WEITERER LEBENSBEREICHE

Einige Beispiele:

NEUGESTALTUNG DES RECHTSSYSTEMS

Das Rechtssystem wird aus folgenden Gründen neugestaltet:

1. Die Unvereinbarkeit der nationalen Gesetze mit dem universellen Verstand und die Undurchführbarkeit dieser Gesetze hat sich als real erwiesen.
2. Keiner, weder Einzelne, noch die Gesellschaft, noch der Staat wird privilegiert sein.
3. Das neue System wird keine Schuld und keine Täter produzieren.
4. Die Ursachen des Unrechttuns werden von selbst verschwinden.
5. Die Wahrscheinlichkeit, ungerecht behandelt zu werden und das Bedürfnis, sich verteidigen zu müssen, wird von selbst verschwinden.

6. Die neue Weltanschauung wird das universelle Recht als eine Errungenschaft der Menschheit auf Ewigkeit in sich bergen.

Regeln statt Gesetze

Das Miteinanderleben in der neuen Welt wird durch REGELN gestaltet, nicht durch Gesetze!

Die Parlamente werden keine Gesetze verabschieden, bei denen bei eventueller Nichteinhaltung wiederum Strafgesetze angewandt werden.

Sie werden „Grundregeln“ entwickeln, die aus den natürlichen menschlichen Bedürfnissen entstehen und von Einzelnen, der Gesellschaft und dem Staat eingehalten werden.

Die „Grundregeln“ mit Schlüsselfunktion werden

- zahlenmäßig möglichst geringgehalten,
- in einfachen Hauptsätzen immer mit dem Subjekt „Ich“ formuliert und
- sowohl in der Weltsprache als auch in den Muttersprachen aller Bürger zum Lernen angeboten.

Falls es um die Einhaltung der Regeln für eine geplante Aktivität, z.B Hausbau, geht, können sie diese Regeln bei „Das Volk für das Volk“ abrufen.

Unschlüssigkeitsfälle

In Unschlüssigkeitsfällen werden sich die Wegweiser und Mediatoren einschalten, die bei den Volksbetreuungszentren tätig sind.

AUFHEBUNG DER INSTITUTION MILITÄR

Die Daseinsgründe des Militärs werden von selbst verschwinden, weil der bisherige Einsatzbedarf für sie nicht mehr existieren wird; z.B.:

- die Eroberung der Böden, der Quellen und der Werte, die den anderen gehören,
- Verteidigung eines Landes, eines Volkes gegen die Angriffe von anderen usw.

AUFHEBUNG DER ORGANISATION POLIZEI

Die Notwendigkeit der Existenz der Polizei wird nicht mehr bestehen, weil durch die Aufhebung der Justiz und durch die Gründung „Das Volk für das Volk“ die bisherigen unterstützenden, schützenden und überwachenden Aufgaben der Polizei überflüssig sein werden.

AUFHEBUNG DER GEHEIMDIENSTORGANISATIONEN

Da die Ursachen, die die Individuen und Gesellschaften zum „Wahnsinn“ treiben, nicht mehr existieren werden, wird sich das Sammeln von geheimen Informationen über andere als sinnlos herausstellen.

Daraufhin werden auch die Geheimdienstorganisationen aufgehoben.

AUFHEBUNG DER NATIONALEN GRENZEN

Aufgrund der Erkenntnis, dass

- die künstliche Teilung der Mutter Natur sinnlos ist und
- alle Lebewesen der Erde gehören und es nicht umgekehrt ist,

werden die Grenzen zwischen Ländern aufgehoben.

TEIL VI

Frage 5
WIE WIRD DER WELTSTAAT GEGRÜNDET

INITIATIVGRUPPEN

- Sobald die Menschen erkennen, dass das herrschende Gesellschaftssystem nicht mehr fortgesetzt werden kann und es notwendig ist, dringlich zu handeln, bilden diese Menschen überall Initiativgruppen
  In diesen Initiativgruppen verinnerlichen die Menschen die Philosophie Einheit-Ganzheit gründlich.
- Sie machen sich mein Manifest „Neue Weltordnung" zu eigen, informieren sich gegenseitig und diskutieren darüber.
- Die Initiativgruppen organisieren sich weltweit und vernetzen sich untereinander.
- Sie starten eine weltweite Aufklärungskampagne, indem sie die Menschen
  - über die Unerträglichkeit des Wahnsinns und die Dimensionen der Gefahren und
  - über das Manifest „Neue Weltordnung" informieren.
- Sobald die Aufklärungskampagne ihr Ziel erreicht, rufen die Initiativgruppen die Weltgemeinschaft auf, ein Gründungsparlament für einen Weltstaat zu bilden.

GRÜNDUNGSPARLAMENT

- Auf Grund des Aufrufes der Initiativgruppen werden in den Nationalstaaten Vertreterwahlen für das Gründungsparlament durchgeführt.

- Das Gründungsparlament
  - nimmt an einem geeigneten Ort der Welt seinen Dienst auf,
  - erarbeitet die Welt-Grundlebensregeln,
  - führt eine weltweite Aufklärungskampagne mit dem Schwerpunkt Welt-Grundlebensregeln durch,
  - organisiert anschließend eine Bürgerbefragung zu diesem Thema.

- Das Gründungsparlament lädt die Staaten der Welt zur Gründung des Welt-Volksvertreter-Parlamentes ein, sobald es feststellt, dass sowohl Aufklärungskmpangne als auch Bürgerbefragung ihr Ziel erreicht haben.

WELT-VOLKSVERTRETER PARLAMENT

- Auf Einladung des Gründungsparlamentes wählen die Menschen in ihren Ländern ihre Vertreter für das Welt-Volksvertreter Parlament.

- Das Welt-Volksvertreter Parlament
  - nimmt seinen Dienst auf,
  - verabschiedet die Welt-Grundlebensregeln und

- ➢ wählt den Präsidenten des Weltstaates.

- Daraufhin feiert die Weltbevölkerung die Gründung des Weltstaates.

Liebe Leserin, lieber Leser,

meine Sorgen um das einmalige und einzigartige Leben auf unserem Planeten und meinen Vorschlag zur Lösung des Problems der Menschheit, habe ich Ihnen in Kurzform vorgestellt.
Ich hoffe, dass Ihnen die Dringlichkeit des Handelns und die Umsetzbarkeit meines Manifestes deutlich geworden ist und mein Herzenswunsch in Erfüllung geht.

Die Lage ist ernst!
Wir haben keine Zeit zu verlieren!
Wir stehen an einer Weggabelung.
Es ist Zeit, die historische Entscheidung zu treffen!
Es ist Zeit, zu beginnen!
Es ist Zeit, uns zusammenzuschließen!
Lassen Sie uns den Wahnsinn beenden, die große Gefahr stoppen, das bittere Ende verhindern!

In erster Linie sind diejenigen gefragt, die sich selbst lieben, die die Rose, die Nelken, die Tulpen lieben; die die Katzen, Hunde und Tauben lieben!
In erster Linie sind diejenigen gefragt, die die Mutter Natur, den Menschen und die Menschheit achten und schätzen!
Und ich selbst sehe mich in der Pflicht, mein ganzes Können und meine Kraft auf diesem dringlichen Weg einzusetzen!

Ich wünsche uns allen viel Erfolg!
Ich danke Ihnen von Herzen!
Die Sonne wird uns allen gehören!